你好！肠道里的伙伴

〔日〕藤田纮一郎◎编著

张垚

赵玺翔◎译

菌语

中国纺织出版社有限公司

国家一级出版社
全国百佳图书出版单位

谁更重要呢？肠道还是大脑？

40 亿年前，地球上出现了生物。但是，生物拥有大脑仅仅是 5 亿年前的事情。

生物最初拥有的脏器，既不是大脑也不是心脏，而是肠道。那时诞生的水螅、海葵和水母等肠腔动物没有大脑，它们的肠道承担了大脑的功能。

"蚯蚓"是我最喜欢的动物之一。蚯蚓没有眼睛和鼻子，也没有大脑，它是只有肠道的动物，但是因为蚯蚓的肠道内有神经细胞，所以它可以判断什么食物可以吃什么食物不可以吃。另外，蚯蚓的肠粘膜内有免疫细胞，所以即使食用了被细菌感染的食物，它的肠道也能将这些食物吐出来。如此看来，生物只要拥有神经细胞、免疫细胞和起消化吸收作用的细胞，就可以存活。

▶ 即使"脑死亡"也能存活，但"肠坏死"就会让情况变得很糟糕虽然说人体被认为是凭借着 37 万亿个人体细胞存活的，但是我们的肠道内寄存着人体细胞数量 27 倍左右的细菌。因此，即使从细胞的数量上来看，肠道细菌也足以够构成"另外一个我"了。

因为大多数的肠道细菌只能寄存于人体的肠道内，所以为了健康长寿，我们要在肠道细菌上花很多心思。

大部分的肠道细菌在出生一年后定植，但是因为肠道内菌群势力分布常常会随着不同的生活习惯而发生变化，所以可以人为地增加肠道内的有益细菌，减少有害细菌。

▶让被称作"肠道花神"的花田盛开吧

最近经常会听到"肠道花神"一词。"肠道花神"是指在肠道里生存的细菌集团（又被称为肠道菌丛）。平均 1 克的粪便里有 1000

亿个细菌，而人类的消化道则生存着 100 多万亿个细菌。

肠道菌群常被比作"肠道花神"。肠道能在其所拥有的广阔"土地"上种植什么，盛开什么样的鲜花，都与个人生活习惯息息相关。

由不规律的饮食和生活习惯引起的肠道菌群紊乱，会使肠道内有害细菌势力增强，有益细菌数量逐渐减少。正常情况下，肠粘膜和肠道细菌会共同作用合成 B 族维生素、多巴胺和血清素等"有益物质"，并产生人体 70% 的免疫力。但是，在肠道菌群紊乱的情况下，不仅没有这样的效果，反而会使皮肤变得粗糙，免疫力下降，精神状态变得不稳定。

▶无法准确地统计出肠道细菌的数量及种类

肠道细菌不仅影响人体健康，而且也是控制心理状态的重要生物。但事实是，现阶段我们还未完全了解这些发挥重要作用的肠道细菌。这是因为大部分的肠道细菌并不能通过我们目前采用的"粪便培养"检测出来。因此采用 16S rRNA 基因测序技术和粪便中微生物的宏基因组测序技术很有必要，但是即使采用了这些技术，仍然有无法检测到的肠道细菌。

肠道细菌和我们有着十分密切的关系。本书中，我会基于现阶段的医学水平，尽我所知，尽可能详细地介绍每个肠道细菌的特性，也希望您能够通过本书，增加一些对以"另外一个我"著称的肠道细菌的了解。

东京医科齿科大学名誉教授　**藤田纮一郎**

目录

关于这本书

❶细菌的名称
记述常用名称

❷学名
该书的每一章都是按照细菌学名的字母表顺序排列的

❸别名
在这里记录除标题所示名称外的细菌的其他常用名称

❹分类
虽说目前细菌所涉门类达80种，但本书只在涵盖了肠道细菌90%以上的四个门类中进行分类。

❺形状
通过显微镜观察，肠道细菌呈球状、棒状、分叉状等形状。球状的叫作"球菌"、棒状的叫作"杆菌"。

❻发现
在大量的细菌中，该细菌的存在和功效被认可的那一年。

❼分布（栖息地）
该部分通俗易懂地记录了关于该细菌大多栖息在什么地方，可以通过什么样的食物获取的问题（有时也会介绍具体的商品）。

*选择了通常情况下能接触到的细菌进行介绍。

*各种细菌的解说和漫画内容不能保证该细菌的功效。摄取细菌时的反应因人而异。

*细菌的插画是凭想象设计的。

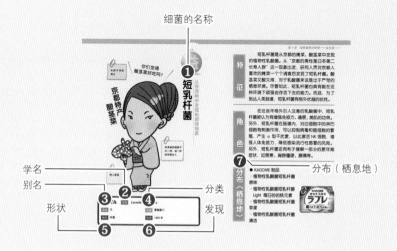

细菌的名称

学名

别名

形状

分类

发现

分布（栖息地）

序章
什么是肠道细菌

嘿！

肠 关于肠道细菌的研究

到目前为止，关于肠道细菌的研究已经进行了很久，但近几年新的研究发现，使得肠道细菌现有的概念和人们对于肠道细菌的认识突然发生了改变。关于肠道细菌的研究始于 1681 年荷兰科学家列文虎克对粪便中细菌的观察。随着基因组测序研究的进步，使肠道细菌的基因得到解析。国际性项目的启动，使人们知道了肠道内还存在大量的未知细菌。

现在人们认识到，肠道细菌共有"3 万种、1000 万亿个"，重达 1.5 ~ 2 千克，每人有 200 种、100 万亿个，而在这之前人们认为肠道细菌只有"500 种、100 万亿个"。每个人大概有 37 万亿个人体细胞，由此可以发现人体内栖息着数量多么庞大的肠道细菌。另外人类的遗传基因只有 2 万 ~ 2.2 万个，而肠道细菌的遗传基因数量却达到了 330 万个。大量的肠道细菌承担着维持人类生存的消化、免疫等重要功能。

而且，最近的研究表明，肠道细菌还可以抑制癌症、糖尿病、抑郁症、失智症、过敏等，甚至具有抗衰老的作用。肠道细菌中也有与减肥相关的易胖细菌和易瘦细菌。目前人们正试图通过实验证明肠道细菌是否和稳重的、积极的性格也有关系。

带有未知可能性的肠道细菌被期望着能够突破现代医学界线。比如说：科学家试图通过移植健康体内的肠道细菌进行疾病治疗。另外肠道细菌对美容和健康也有影响。通过今后的研究，人们大概还会不断发现肠道细菌的新功效。

有能够培养的细菌，也有不能培养的细菌

迄今为止的肠道细菌研究都是通过培养粪便中提取的细菌，研究其功效。培养就是将细菌放入含有碳水化合物等营养物质的培养基（＊）中，使细菌生长繁殖，增加细菌数量。之后就可以研究细菌具有什么样的性质、什么样的功效。但人们无法通过这项技术了解无法培养的细菌的详细信息。

然而肠道中有很多难以培养的细菌，能够培养的细菌只占肠道细菌的 10%~20%。

也就是说，迄今为止对肠道细菌的探讨正是依据占肠道细菌全体 10%~20% 的能够培养的细菌进行的。

（＊）培养基　培养细菌的场所

虽然说今后可以慢慢地凭借新技术搞清楚其他的细菌，但现实是我们目前"并不知道大多数肠道细菌的详细功效"。我们所了解的肠道细菌只是冰山一角，但是，我们可以通过灵活运用所知的这些细菌的大体功效保持肠道细菌的生机活力。

益生菌、有害菌、条件致病菌真正的功效

肠道细菌可以分为益生菌、有害菌和条件致病菌。迄今为止，我们认为"益生菌会起到好作用，有害菌会带来不好的作用"。但是，实际情况是很复杂的，并非我们想象地那么简单。虽然说有害菌表面上看起来是有害的，但为了身体健康、让益生菌能够发挥功效，有害菌的存在是很有必要的。益生菌、有害菌和条件致病菌的分类有助于人们了解肠道细菌，并不是说只有益生菌很重要，有害菌和条件致病菌都不重要。有害菌和条件致病菌都发挥着很重要的作用，是不可或缺的。肠道细菌的平衡非常重要。

一般来说，肠道内益生菌占 20%，有害菌占 10%，条件致病菌占 70%。但是，因为不规则的饮食生活习惯以及年龄的增加，渐渐地益生菌所占比重会减少。如果

随年龄变化的肠道细菌

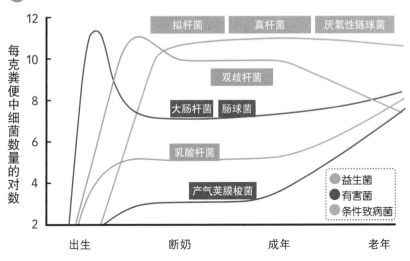

益生菌减少，有害菌增加的话，肠道则会衰老；相反，如果益生菌增加，有害菌减少的话，肠道则会保持年轻。另外，虽然人们倾向于关注益生菌和有害菌，但实际上条件致病菌占压倒性的数量，是肠道内的最大"势力"。条件致病菌会根据具体细菌状态来发挥功效。如果益生菌处于优势地位的话，条件致病菌就会像益生菌那样发挥功效；如果有害菌处于优势地位，条件致病菌就会像有害菌那样发挥功效。因此，通过良好的饮食习惯等来维持益生菌的优势地位非常重要。最近，有不少年轻人出现肠道衰老加速的情况。

仅仅通过细菌观察，有时很难对益生菌、有害菌和条件致病菌进行区分。像益生菌中的乳酸菌和双歧杆菌，有害菌中的产气荚膜梭菌等，许多能够区分的细菌都是通过培养探明了具体功效。不能进行培养、还未探明功效的细菌大多被归类于条件致病菌。

"××菌""××株"是什么？

　　观察对肠道细菌有益的酸奶等乳酸菌商品的时候，人们大概会注意到"××菌"和"××株"之类的文字。这是和生物分类有关的名称，生物被按照"域—界—门—纲—目—科—属—种"进行分类。

　　人类属于"动物界—脊索动物门—哺乳纲—灵长目—人科—人属（人类）—人种（现代人）"。双歧杆菌属于"细菌界—放线菌门—放线菌纲—双歧杆菌目—双歧杆菌科—双歧杆菌属"，含有"双歧杆菌""短双歧杆菌""肠双歧杆菌"种。

　　"乳酸菌××株"和"双歧杆菌××株"中的"株"是对"种"进行的进一步细致地分类。

　　这和人们所说的"××君"一样是表示限定的名称。但细菌的分类更为复杂。比如说虽然被叫作"发酵'菌'"，但它却含有酵母菌、纤维素分解菌、丝状真菌等很多的"××菌"。

目前细菌有 80 个门类。肠道中寄存的细菌只占其中 4 个门类。从多到少分别是，厚壁菌门、拟杆菌门、放线菌门、变形菌门。这四个门类占肠道细菌总数的 90% 以上。大致划分的话，放线菌门是益生菌，变形菌门多为有害菌，厚壁菌门和拟杆菌门则多倾向为条件致病菌。

肠道细菌被大体分为 4 个门类是根据肠道中 IgA 抗体的存在与否。虽然还未搞清楚这个原理，但是想要摄入大量的肠道细菌，肠内的 IgA 抗体还是越多越好。

总之，即使理解了全部细菌的分类和名称，仍然很难对益生菌、有害菌和条件致病菌进行分类。通过本书，可以让读者认识到细菌的门类以及某些特殊的细菌菌株。

日后本书中介绍的知识甚至有被推翻的可能性。从这个角度来说，肠道细菌仍然是未知的世界，充满着无限的可能性。

kangti

抗体

IgA 抗体

瞬间判断外来物质好坏的免疫物质

一起守护肠道平衡吧!

默默地做好本职工作的天才

嘿!

小心谨慎，常常严格监视四周

正义感强，绝不姑息坏人

迅速确定入侵者。动作敏捷

DATA　外文名称　**Immunoglobulin A**

中文名称　免疫球蛋白 A　　分类　免疫物质　　形状　Y 字型

发现　1889 年发现"抗体"，2016 年发现 IgA 抗体具有抑制有害菌繁殖的功效

特征

人类肠道菌丛（肠道花神）的基础是在出生后一年左右大体确定的。而这个基础则是由 IgA 抗体决定的。因为母亲的母乳里富含 IgA 抗体，所以为了让婴儿拥有远离疾病的免疫力，母乳喂养是很有必要的。

IgA 抗体附着在肠道黏膜上。人们可以通过调整饮食习惯等，培育肠道菌群，激活 IgA 抗体。

角色

以前人们只知道 IgA 抗体生活在肠道黏膜上，承担着将过敏物质和异物排出体外的功能。但是近年来，人们发现了 IgA 抗体具有甄别入侵肠道的细菌的功能。每当 IgA 抗体分辨出有害菌，就会抑制它的繁殖，使有害菌不能和益生菌混在一起，因此有助于益生菌的繁殖。也就是说，IgA 抗体可以帮助形成有益细菌占优势的肠道环境。

增加

肠道细菌是 IgA 抗体增加的关键。比如，通过不断摄取乳酸菌，增加 IgA 抗体的分泌量。

说到乳酸菌，人们一般会想到酸奶和芝士，但事实上，除此之外很多常见的食品中也含有乳酸菌，主要以腌菜等发酵食品为主。让我们来增加 IgA 抗体，调整肠道环境，提高免疫力吧。

序章
什么是肠道细菌?
总结

🖱 近些年，通过肠道细菌的遗传基因解析，肠道细菌的概念发生了很大的变化。开启了肠道细菌应用到医疗的新的可能性。

🖱 肠道细菌中既有能够培养的细菌，也有不能培养的细菌。其中可培养的细菌只占 10% ~ 20%。人们对不能培养的细菌的了解有限，倾向于把它分类到条件致病菌。

🖱 肠道细菌中，益生菌占 20%，有害菌占 10%，条件致病菌占 70%。因为任何一种细菌都承担着重要的作用，所以维护肠道细菌平衡很重要。如果益生菌处于优势的话，条件致病菌也就会有很大可能变成益生菌。

🖱 "××菌""××株"是和生物学分类相关的名称。株和姓名一样是起限定作用的。

🖱 免疫物质"IgA 抗体"决定了肠道中的有益细菌。筛选出 80 个细菌门类中的 4 个门类组成肠道细菌。

第一章 能够培养的细菌 ——益生菌——

发酵增强健康效果
——乳酸菌的伙伴们——

乳酸菌作为益生菌的代表，是能够通过分解葡萄糖等糖类，产生大量乳酸的细菌的总称。自然界中有众多的乳酸菌。

酸奶和芝士等乳制品（动物性乳酸菌），以及腌菜等发酵食品（植物性乳酸菌）中均含有乳酸菌。富含乳酸菌的食物种类特别多，有数百种。

乳酸菌的功效是通过分解糖类合成乳酸，这个过程叫作乳酸发酵。乳酸菌通过发酵来减缓食物的腐烂，使食物能够长期保存。另外，发酵不仅对食品有好处，对人类也有益处。人体摄入乳酸菌会促进肠道内固有的乳酸菌和双歧杆菌

（p44）的增加，抑制有害菌和杂菌的繁殖，具有整肠、增强免疫力和改善过敏症状等作用。

但遗憾的是乳酸菌很惧怕胃酸，超过 99% 的乳酸菌会在胃里死亡。乳酸菌即使能活着到达肠道，也只能存活 1 周。但是即使是死了的乳酸菌，也能成为其他肠道益生菌的促进因素，促进常驻益生菌的繁殖。通过在肠道内不停地繁殖和灭亡，失去活性的乳酸菌会随粪便排出体外。另外，乳酸菌的数量会随着年龄的增加一点点减少。不规律的饮食习惯、吸烟、过度饮酒、压力大等会使肠道内的有害菌占据优势地位，所以每天摄入新的乳酸菌很重要。

但是，肠道环境因人而异。如果找到适合自己的乳酸菌，2 周到 1 个多月便秘就会得到缓解，3 个月左右免疫力就会得到提高，体质会得到改善，这时才有继续摄入该乳酸菌的必要。喝酸奶的基准量是每天 100 到 200 克。可以同时摄入多种乳酸菌，但长期坚持很重要。

粪肠球菌

比看起来更顽强，毫不松懈

哎呀，那个也必须做，这个也必须做！

照料周到，辅助很完美

有些焦虑，常常杞人忧天

意外的是个可靠的人，身体也很健壮

DATA	学名	*Enterococcus faecalis*	
别名 无		分类	厚壁菌门
形状 球菌		发现	1986 年

特征

　　粪肠球菌属于体积很小的乳酸菌，所以可以很容易到达肠道的各个角落。人体可以一次性摄入大量的粪肠球菌。粪肠球菌的迅速增加，有利于促进益生菌的繁殖和激活，具有显著的整肠作用。

　　粪肠球菌在商品化时会因为加热杀菌而死亡，但是这丝毫不影响其功效，所以粪肠球菌又被叫作推翻常识的"新型乳酸菌"。

角色

　　粪肠球菌有利于增强免疫力，应对流行性感冒和花粉症，具有缓解过敏症状的作用。粪肠球菌通过各个制造商的研究被发现、利用，并进行细致地分类。在已分类的粪肠球菌中，"EC-12 株"有利于治疗烧伤和褥疮，"FK-23 株"有利于缓解 C 型肝炎、杉树花粉过敏症和玫瑰痤疮，"EF-2001 株"对溃疡性结肠炎有一定的抑制效果。

分布（栖息地）

●伊藤园制品（和 CHICHIYASU 共同研发）

·朝 YOO

　粪肠球菌 1000 等

●湖池屋制品

·乳酸菌 Polinky 发酵黄油味

●名糖产业制品

·含有 1000 亿个乳酸菌的糖果

益

L-92 乳酸菌

实力值得期待的力量型理科女

拼命工作，相当值得期待

眼镜和口罩是必需品

严格哦！对病毒很

把病毒打得落花流水

不过分畏惧上司

DATA 学名 *Lactobacillus acidophilus L-92*

别名	L-92 株	分类	厚壁菌门
形状	杆菌	发现	1999 年（研究开始的年份）

特征

据日本可尔必思株式会社称，L-92 株是在已发现的乳酸菌中，拥有最强抗过敏功效的乳酸菌。L-92 株在免疫机能方面的功效是，可以通过调节人体免疫平衡，抑制异位性皮肤炎、过敏性鼻炎、支气管哮喘等过敏症状。因此很期待 L-92 株未来在应对花粉症、感染症，减轻鼻塞、嗓子痛、咳嗽等感冒症状和激活 NK 细胞等抗击癌细胞方面的功效。

角色

人体有抑制过敏的细胞也有激活过敏的细胞。两者处于平衡状态时不会发生过敏症状。如果激活过敏的细胞过于活跃，就会产生过敏症状。L-92 株在这两种细胞中拼命工作，努力调整二者之间的平衡。另外，L-92 株还有利于抑制产生过敏症状的 IgE 抗体的生成，增加抵抗病毒的 IgA 抗体（参照 p20）。

分布（栖息地）

●可尔必思制品

・Calpis（膳食补充剂）

・守护发挥功效的乳酸菌

等

短乳杆菌

从京渍物中发现的顽强细菌

京都特产
酸茎菜

你们觉得
酸茎菜好吃吗？

年龄不详的
美女

和其他的细菌不
太一样，谜一样
的京都女人

待人温柔

DATA 学名 *Lactobacillus brevis*

别名	无	分类	厚壁菌门
形状	杆菌	发现	1993 年

特征

短乳杆菌是从京都的腌菜、酸茎菜中发现的植物性乳酸菌。从"京都的男性是日本第二长寿人群"这一现象出发，研究人员对京都人喜欢的腌菜一个个调查后发现了短乳杆菌。酸茎菜又酸又咸，对于乳酸菌来说是过于严苛的栖息环境。尽管如此，短乳杆菌也具有能在这种环境下顽强地存活下去的能力。而且，为了到达人类肠道，短乳杆菌有格外优越的抗性。

角色

在近些年格外引人注意的乳酸菌中，短乳杆菌被认为有增强免疫力、通便、美肌的功效。另外，短乳杆菌在肠道内，对白细胞中的淋巴细胞有刺激作用，可以抑制病毒和癌细胞的繁殖，产生 α 型干扰素，以此激活 NK 细胞，增强人体免疫力，降低感染流行性感冒的风险。另外，短乳杆菌还有利于缓解一部分的更年期症状，如畏寒、肩膀僵硬、腰痛等。

分布（栖息地）

● KAGOME 制品
· 植物性乳酸菌短乳杆菌原味
· 植物性乳酸菌短乳杆菌 Light 每日份的铁元素
· 植物性乳酸菌短乳杆菌苹果
· 植物性乳酸菌短乳杆菌清洁

益 yi

流感里的癌细胞请出去！

击退坏人，帮助好人的热心肠

R-1 乳酸菌

可怕的人和坏人一步也不能靠近

因为擅长"吵架"，能够驱赶可疑分子

照顾老人、病人和孩子

对待亲朋好友和善良的人格外亲和

DATA 学名 *Lactobacillus bulgaricus OLL1073R-1*

别名	乳酸菌 1073R-1 株、1073R-1 乳酸菌	分类	厚壁菌门
形状	杆菌	发现	20 世纪 90 年代初

特征

R-1 乳酸菌属于通过日本明治株式会社的酸奶而广为人知的保加利亚乳杆菌的一种，可以激活 NK 细胞。NK 细胞可以杀死被病毒感染的细胞。因此，R-1 乳酸菌不会输给疾病，会在病毒中创造强健的体魄。

明治株式会社在以山形县和佐贺县的居民为对象的志愿者实验中发现，如果每天摄入含有 R-1 乳酸菌的酸奶就不容易感冒。长期坚持摄入 R-1 乳酸菌更有助于强健体魄。

角色

R-1 乳酸菌增加的同时，会制造出大量的黏黏糊糊的胞外多糖 "EPS"（Exopoly Saccharides）。EPS 具有提高免疫力的功效。

因为 R-1 乳酸菌可以帮助击退病毒，发挥内助之功，所以也期望 R-1 乳酸菌能在进一步强化抵抗癌细胞的 NK 细胞的功效，提高身体免疫力，降低感染以流行性感冒为首的传染病的风险，缓解感染症状等方面发挥重要作用。

分布（栖息地）

●明治制品
· 明治益生菌酸奶
  R-1
· 明治益生菌酸奶
  R-1 低脂
· 明治益生菌酸奶
  R-1 饮品型

等

超级讨厌坏人。
一起好好
加油吧！

肠道内的
负责人

毫无怨言！正义的英雄

干酪乳酸菌代田株

我来守护肠道

正义感强，富有
声望的热血男儿

视友情为生命。很
喜欢同伴，总会给
伙伴鼓舞打气

DATA　学名　*Lactobacillus casei strain Shirota*

别名　代田菌	分类　厚壁菌门
形状　杆菌	发现　1930 年

特征

乳酸菌饮料"养乐多"中含有干酪乳酸菌代田株。干酪乳酸菌代田株是乳酸菌的代表。干酪乳酸菌代田株是由从事微生物研究的代田稔博士发现的。代田博士成功地进行了富集培养，并为它取名为干酪乳酸菌代田株（乳酸菌代田株）。乳酸菌代田株除了可以预防大肠癌外，还是可以改善便秘、增强免疫力、预防花粉症和流行性感冒等的万能选手。

角色

干酪乳酸菌代田株可以增加肠道内益生菌数量，减少大肠杆菌等有害菌数量。如果健康的人持续四周每天摄入 100 亿个以上的干酪乳酸菌代田株的话，肠道内的益生菌会增加 3 倍左右，大肠杆菌减少五分之一。

因为干酪乳酸菌代田株耐酸性强，所以即使在胃液、胆汁等消化液中也不会完全死亡。和其他的乳酸菌相比，干酪乳酸菌代田株更容易活着到达肠道。

分布（栖息地）

●养乐多制品
· New 养乐多
· 养乐多 400
· Joie
· Sofuru

等

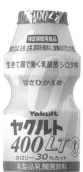

特征

　　LG21 乳酸菌是日本明治株式会社从 2500 种以上的乳酸菌中发现的。因为胃酸的 pH 值很低，所以一般的细菌无法在胃酸中存活。但是，作为胃癌和胃溃疡诱因之一的幽门螺旋杆菌，即使在胃酸中也能生存。

　　LG21 乳酸菌具有抑制幽门螺旋杆菌的功效。作为应对幽门螺旋杆菌的乳酸菌，LG21 乳酸菌能够在胃酸中存活并发挥其功效。

角色

　　LG21 乳酸菌活着到达胃的时候，可以刺激出胃黏膜上附着的乳酸，延长其在胃酸中的存活时间，并执着地溶解幽门螺旋杆菌。

　　幽门螺旋杆菌可以通过服用抗菌药物消除，但有时会引起发烧、便溏、腹泻、味觉异常、瘙痒等副作用。通过酸奶等摄入 LG21 乳酸菌则不需要担心副作用。

分布（栖息地）

● 明治制品
· 明治益生菌酸奶
　LG21
· 明治益生菌酸奶
　LG21 不含糖
· 明治益生菌酸奶
　LG21 饮品型

等

益 yi

独自践行循环型绿色生活

PA-3 乳酸菌

在自给自足的生活中独自进行生态实践

智慧和创意的点子"砰砰"地跑出来

耶,全吃完了!
谢谢款待!

迫于需要成为了食物分解达人

对"光盘行动"很有满足感

DATA 　学名　*Lactobacillus gasseri PA-3*

别名	乳酸菌 PA-3 株	分类	厚壁菌门
形状	杆菌	发现	21 世纪初

特征

　　PA-3 乳酸菌是日本明治株式会社特有的乳酸菌，以"和嘌呤体作斗争"而闻名。嘌呤体是细胞核的构成物质，存在于全体食物中，是能量之源。但嘌呤体的过度摄入会使尿酸含量增加，使脚的大拇指跟儿等关节发生疼痛，是痛风的病因。PA-3 乳酸菌可以分解体内的嘌呤，有抑制尿酸值上升的功效。

角色

　　嘌呤体可以在人体内合成，但 PA-3 乳酸菌必须要从外界摄取才能发挥功效。

　　PA-3 乳酸菌有分解构成嘌呤体的物质的功效，减少尿酸含量。另外，分解后的嘌呤体被细菌据为己有，作为食物被全部吃光；分解后的嘌呤体因为有促进 PA-3 乳酸菌在肠道内繁殖的功效，所以可以抑制尿酸值的上升。

分布（栖息地）

●明治制品
・明治益生菌酸奶
　PA-3
・明治益生菌酸奶
　PA-3 饮品型

益 yi

神秘的（肠道内）VIP

加氏乳杆菌 SP 株

肠道内的事儿
基本都知道

（虽然并不是老年人）在肠道内比任何人活动时间都长

只是工作的时间长而已，并没有那么厉害啦

被认为很有能力，被人信赖，被寄予了很多的期待

稳定感超群

DATA	学名	*Lactobacillus gasseri SBT2055*		
别名	SBT2055 株		分类	厚壁菌门
形状	杆菌		发现	2001 年

特征

加氏乳杆菌 SP 株是由日本原雪印乳业 (Snow Probiotics) 发现的，具有减少皮下脂肪和内脏脂肪、缓解和预防便秘、减肥的功效。同时也有助于胆固醇指数的降低，可以通过提高免疫力预防流感和感冒。尽管可以活着到达肠道的乳酸菌很多，但一般几天就会被排出体外。加氏乳杆菌 SP 株是可以在体内停留 90 天的类型，被称为在肠道内停留时间最久的乳酸菌。

角色

因为可以在肠道内长时间停留，其功效和时间成比例，所以加氏乳杆菌 SP 株可以在人体内长时间地进行有效劳动。目前加氏乳杆菌 SP 株的工作机制仍然不清楚。除了可以降低皮下和脏器内脂肪含量、增强免疫力之外，加氏乳杆菌 SP 株在降低癌症风险、抑制有害的葡萄球菌、减少导致衰老的有害菌等方面仍被寄予厚望。今后一起来进一步探明加氏乳杆菌 SP 株的各种各样的功效吧。

分布（栖息地）

·酸奶（质地较浓稠）

　　　　等

益

乳酸乳球菌

领导部下的强硬派能力者

男人就是用脊背领导部下的！

你去这儿！
你去那儿！

让大家信服的领导

位于发出明确指示的指挥塔的能力者

尽管很有能力但也是消极怠工的"刺儿头"。擅于使唤部下

DATA

学名 *Lactococcus lactis JCM5805*

别名	JCM5805	分类	厚壁菌门
形状	球菌	发现	2011 年 *2012 年命名为乳酸乳球菌

特征

乳酸乳球菌是日本麒麟控股株式会社和小岩井乳业株式会社共同开发的乳酸菌。目前提到过的乳酸菌只能促进"一部分的免疫细胞"发挥活性，但乳酸乳球菌厉害之处就在于它位于所有免疫细胞的"指挥塔"，可以直接刺激浆细胞样树突状免疫细胞 pDC 发挥功效。为了从整体上提高免疫力，乳酸乳球菌在应对流行性感冒和轮状病毒，延缓衰老和延长寿命衰老方面被寄予厚望。

角色

pDC 总是在睡觉，只有在有外部病毒等敌人入侵时才会工作。但是，加入乳酸乳球菌的话，就会使 pDC 自觉地在平时也发挥功效。充满生机的 pDC 承担起指挥塔的功能，给全体免疫细胞传送指示，一直保持着抗击外敌的战争态势。乳酸乳球菌是目前能够强化 pDC 的唯一乳酸菌。

分布（栖息地）

- ●麒麟制品
- ·守护体力的 supli
  清爽酸奶味
- ●小岩井乳业制品
- ·小岩井 送给身体的礼物
  乳酸乳球菌口服酸奶
- ·小岩井 乳酸乳球菌酸奶
  添加了 kW 乳酸菌

等

产生乳酸 + 醋酸
——双歧杆菌的伙伴们——

双歧杆菌是从婴儿的粪便中发现的。婴儿在母亲胎盘内时是处于无菌环境的，但新生儿诞生不久后，细菌便开始在皮肤、呼吸道、消化道等黏膜上繁殖。出生后一周时，双歧杆菌占肠道细菌总量的 99%。

人类的肠道中有 1 万亿 ~ 10 万亿个双歧杆菌。这个数量相当于乳酸菌数量的 100 万 ~ 101 万倍。双歧杆菌是不能在含氧环境下生存的"专性厌氧菌"，主要生存在无氧的大肠中。

乳酸菌和双歧杆菌都具有调节肠道功能维持健康的功效。因此，双歧杆菌被认为是乳酸菌的伙伴，但因为两者的性质和产出物的不

同，最近双歧杆菌和乳酸菌也被指出了很多的不同点。

　　乳酸菌产生乳酸，但双歧杆菌除了产生乳酸还产生醋酸。醋酸使肠道环境呈酸性。因此，双歧杆菌可以制造出使喜好碱性肠道的有害菌难以生存的酸性环境，通过强有力的杀菌能力抑制有害菌的繁殖。

　　乳酸菌可以通过食用乳制品、腌菜等发酵食品获取。但是含有双歧杆菌的食物种类却很少，补充的方法主要是通过食用酸奶和膳食补充剂等。双歧杆菌的健康功效主要有缓解便秘、提高免疫力、缓解过敏症状、预防病原菌感染、降低胆固醇等。

　　双歧杆菌在很多方面都和乳酸菌相同，比如每种细菌的特性和健康功效不同、效果因人而异、不能附着在肠道中会被排出体外等。

　　因为双歧杆菌很怕胃酸，所以推荐在胃酸浓度比较低的餐后摄入。双歧杆菌在起到通便等作用后，至少还要再持续摄入 14 天。

益 yi

BifiX

经历完整个肠道运动后也能好好实现其他功效

擅长"分身术"

呼朋唤友，朋友很多

精力充沛，擅长交朋友哦！

要比平时增长更多

性格刚毅，不论何种艰苦的修行都能够圆满完成

DATA

学名 *Bifidobacterium animalis ssp. lactis GCL2505*

别名 双歧杆菌 BifiX、双歧杆菌 GCL2505 株

分类 放线菌门

形状 杆菌

发现 ？（未确定）

特征

BifiX 是日本江崎格力高株式会社在健康的成年人肠道中发现的细菌。BifiX 繁殖速度很快。午餐后食用一次含有 BifiX 的酸奶，一周后通过实验发现肠道中 BifiX 的数量增加了 10 倍以上。

如果 BifiX 通过食用酸奶等一次性摄入体内的话，它只会在短暂时间内持续性繁殖。因此，即使不能每天摄入 BifiX，也最好是每隔几天持续地摄入。

角色

BifiX 含有双歧杆菌，可以抑制有害菌的繁殖，提高制造短链脂肪酸的能力。短链脂肪酸有提高肠道屏障的功能，守护人体远离病原体和病毒。因此，BifiX 可以抑制有害菌，促进肠道蠕动，具有预防和缓解便秘的功效。另外，由于短链脂肪酸可以刺激激素分泌，抑制血糖上升和脂肪堆积，因此，BifiX 还可以应对代谢综合征。

分布（栖息地）

●格力高制品
· BifiX 酸奶
· BifiX 酸奶
　零脂肪
· 高浓度双歧杆菌饮料
　BifiX1000 α

等

益
yi

Bb-12 株

耐力不输给任何人

即使很辛苦也不要紧。结束后大吃一顿！

通过吃很多东西来保持健康

没关系的

不管被指责什么、安排什么活，都会坚持下去

总之，忍耐性极强

DATA 学名 *Bifidobacterium animalis subsp. lactis Bb-12*

别名	双歧杆菌 Bb-12	分类	放线菌门
形状	杆菌	发现	1985 年？（未确定）

特征

Bb-12 株是由丹麦的科汉森公司持有，由日本首次在世界开发使用的细菌。Bb-12 株胃酸性耐受强。一般的双歧杆菌无法在低于 pH4 的酸性环境下生存，但 Bb-12 株在 pH2 的强酸中也能存活。（中性值是 7，数值越靠近 0 酸性越强。顺便说一下，胃酸 pH 值是 1 ~ 2）。Bb-12 株不会在胃酸中死亡，会活着到达肠道，并强有力的附着在肠道上。

角色

因为 Bb-12 株在肠道中的附着性很强，所以具有整肠作用。另外，Bb-12 株可以激活具有消化、分解细胞残片及病原体功能的吞噬细胞——"巨噬细胞"。巨噬细胞是吞噬侵入人体的有害菌、体内产生的癌细胞和脂肪酸过氧化物等代谢物的免疫细胞。如果巨噬细胞运转良好的话，Bb-12 株就可以抑制过敏症状，降低传染病的感染风险，具有预防疾病的功效。

分布（栖息地）

●四叶草乳业制品
·四叶草乳业制品北海道
十胜原味
酸奶生乳 100
●小岩井乳业制品
·小岩井生乳 100&% 酸奶
● CHICHIYASU 制品
·饮用酸奶

等

向着目标
（大肠）
加油吧！

有引以为傲的体力和贯穿始终的意志力

没关系！
不会输的

LKM512 株

在进攻中取得胜利，能够到达肠道

能和他做朋友就太好了

不愧是……

理想是创造良好的肠道环境

DATA

学名 *Bifidobacterium animalis subsp. lactis LKM512*

别名 双歧杆菌 LKM512

分类 放线菌门

形状 杆菌

发现 1997 年

特征

　　LKM512 株胃酸耐受性强，可以不受损伤地到达肠道并且在大肠内繁殖。即使在双歧杆菌家族中，LKM512 株的生命力也格外旺盛，是很顽强的细菌。在大肠内，LKM512 株可以促进多胺的增加。多胺由氨基酸代谢合成，对动脉硬化等各种各样的疾病有抑制作用。另外，早期的母乳中含有 LKM512 株，可以促进婴儿成长。

角色

　　LKM512 株促进多胺的增加。多胺可以阻止食物和微生物中产生的有害物质，以及引起炎症和过敏的物质进入人体。也就是，LKM512 株强化了大肠的屏障功能，提高了免疫力。

　　LKM512 株可以预防过敏症状、改善特应性皮炎、具有抗衰化功效、通过修复受损的 DNA 预防大肠癌。

分布（栖息地）

● Meito 制品
· 增加型双歧杆菌
　LKM512 酸奶
· 增加型双歧杆菌
　LKM512 饮用酸奶

等

● Seven&i Premium 制品
· 原味酸奶 400g

＊部分区域限定

缓解代谢综合征、保持身材是我的义务哟！

坚定地向着目标

节食有点烦人

即刻应对喷嚏和鼻塞

瘦啊

男女都很重视身材

G9-1株

抑制过敏，消除肥胖

DATA 　学名　*Bifidobacterium bifidum G9-1*

别名	BBG9-1	分类	放线菌门
形状	杆菌	发现	？（未确定）

特征

G9-1 株生存在大肠中，对大肠附着率非常高。G9-1 株来自对人类肠道中细菌的分离培养，是来自人体的细菌。G9-1 株长期栖息在大肠中，抑制有害菌的繁殖。另外，肠道中的 G9-1 株可以抑制血液中引起过敏症状的免疫球蛋白 IgE 的合成。在与过敏性鼻炎相关的动物实验中，G9-1 株不需要像普通的乳酸菌一样大量服用，少量剂量即可起到明显的效果。

角色

除了具有缓解便秘的整肠作用外，通过小白鼠实验，人们还发现 G9-1 株对打喷嚏和鼻塞也有改善作用。在豚鼠实验中，G9-1 株可以明显地抑制由杉树花粉过敏症引起的鼻塞，改善严重的过敏性鼻炎。在动物实验中，G9-1 株还可以降低所有动物的中性脂肪和胆固醇值，降低罹患糖尿病小白鼠的血糖值。

分布（栖息地）

·一部分的调整肠胃功能的药

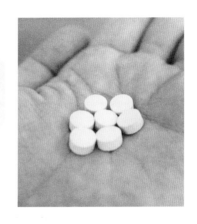

缓和身边人
的紧张感

从外表来看不太
靠谱，不太像值
得依赖的人

调解纠纷的
能力卓越

来自胃酸，强有力地守护胃

B・双歧杆菌丫株

紧张什么的
还是不要积累
的好。

DATA 学名 *Bifidobacterium bifidum YIT10347*

别名 双歧杆菌 YIT10347 　　分类 放线菌门

形状 杆菌 　　发现 2006 年？（未确定）

特征

养乐多中的 B·双歧杆菌 Y 株是为了获得较强耐氧性而富集培养的细菌。通常情况下，双歧杆菌虽然大多活动在小肠到大肠中，但 B·双歧杆菌 Y 株是可以在"胃"中活动的稀有细菌。紧张和胃酸分泌过多有关，而 B·双歧杆菌 Y 株可以降低因紧张而上升的皮质醇浓度（过量皮质醇会刺激胃分泌胃酸）。作为高压社会中的胃黏膜保护伞，B·双歧杆菌 Y 株备受瞩目。

角色

虽说 LG21 菌（P36）应对幽门螺旋杆菌的功效很出名，但 B·双歧杆菌 Y 株也具有抑制幽门螺旋杆菌的功效。另外，B·双歧杆菌 Y 株可以吸附并保护胃黏膜。B·双歧杆菌 Y 株可以改善表现为胃动力不足和胃痛等的机能性消化不良、慢性胃炎和神经性胃炎等，缓解由紧张引起的胃部不适、疼痛和恶心的症状。

分布（栖息地）

●养乐多制品
· BF-1

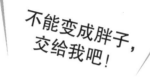

益 yi

B-3株

守护肠道屏障，抑制肥胖

不能变成胖子，交给我吧！

严格地指导健康减肥

肥胖的状态，谁都不允许

饮食、运动、有规律的作息缺一不可

DATA	学名	*Bifidobacterium breve B-3*
别名 无		分类 放线菌门
形状 杆菌		发现 2002 年

特征

B-3 株是日本森永乳业株式会社在健康的婴儿肠道中发现的双歧杆菌。B-3 株可以减少内脏脂肪和皮下脂肪,降低胆固醇值。

让摄入了高脂肪含量食物的小白鼠,每天摄入 1 亿或 10 亿个 B-3 株后,其皮下脂肪和内脏脂肪都会减少。在人体临床试验中,B-3 株也有助于体重和身体脂肪的减少。另外,通过小白鼠实验,发现 B-3 株也有改善动脉硬化的功效。

角色

导致肥胖的原因不仅是暴饮暴食、运动不足等,还因为高脂肪食物破坏了肠道粘膜,导致细菌成分等炎症物质进入,引起了脂肪细胞等的慢性炎症。由于发炎而肥大的脂肪细胞不断蓄积,最终导致肥胖。B-3 株对构建健康体格的贡献是抑制脂肪堆积、修复破损的肠道屏障功能,阻挡引发炎症的物质的入侵。

分布(栖息地)

●森永乳业制品
·森永 B-Three
·森永乳业的营养补充剂
　美 & 聪明双歧杆菌 B-3

　　　　等

益

M－16V 株

促进婴儿健康成长

一如往常地照料宝宝

可以为了宝宝赌上性命

好了好了，乖宝宝！

使命是帮助宝宝健康成长

DATA

学名 *Bifidobacterium breve M-16V*

别名 无   **分类** 放线菌门

形状 杆菌   **发现** 1963 年

特征

M-16V 株是由日本森永乳业株式会社在 1963 年发现的富集在婴儿肠道中的双歧杆菌。低出生体重儿的肠道内有很多有害菌，而且因为肠道的消化吸收功能不健全而容易感染疾病。给出生体重不足 1500 克的婴儿食用 M-16V 株，发现 M-16V 株有降低感染发生率的功效。另外，M-16V 株还可以缓解过敏性皮炎的症状，具有抗过敏的功效。

角色

出生后不久，健康婴儿的肠道内就充满了双歧杆菌，但是低出生体重儿的肠道细菌有较晚定植的倾向。食用 M-16V 株可以促进不健全肠道机能的发育，提高营养吸收能力，促进免疫机能的发育，降低罹患感染症的概率，从而促进婴儿的正常发育。据推测，M-16V 株还和肠胃黏膜的保护、叶酸的分泌能力有关。

分布（栖息地）

●森永乳业制品
·森永婴儿的双歧杆菌

等

肠道、房屋都要打扫干净，还要保持皮肤湿润

特别喜欢打扫

年龄？不要打听啦！

从不干燥的水灵灵的肌肤

喜欢充满生活经验与智慧的创意

双歧杆菌 BY 株

有很强的整肠作用，改善皮肤的粗糙状况

DATA

学名	*Bifidobacterium breve Strain Yakult*

别名	B·双歧杆菌养乐多株	分类	放线菌门
形状	杆菌	发现	1963 年，在德国发现了基准种

双歧杆菌 BY 株和干乳酪酸菌代田株（P34）一样，是由日本养乐多公司发现并独有的益生菌。和干乳酪酸菌代田株在小肠发挥功效不同，双歧杆菌 BY 株主要在大肠发挥功效。

双歧杆菌 BY 株主要栖息在婴儿的大肠中。根据不同的培养条件，双歧杆菌 BY 株具有分叉的特征。因为双歧杆菌 BY 株具有细短的分叉形态，所以在名字前添上了表示"短的"的"breve"前缀。

特征

双歧杆菌 BY 株可以吸附并减少制造有害菌的有害物质，缓解溃疡性大肠炎的症状。减少给肌肤带来不良影响的苯酚类腐败物质，防止肌肤干燥。

哺乳期婴儿在手术前后罹患菌血症的概率很高。但是近些年，养乐多公司研究发现，摄入双歧杆菌 BY 株可以有效地抑制血液中细菌检出数量，预防术后感染。

角色

分布（栖息地）

●养乐多制品
· MiluMilu
· MiluMiluS

臭味实在是忍不了，
已经散发不出
香味了吗？

FK120 株

调整肠道，减轻粪便的臭味

决不允许有
臭味

有责任感

老家是丹麦

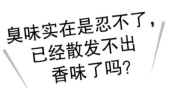

DATA

学名 *Bifidobacterium lactis FK120*

别名 无	**分类** 放线菌门
形状 杆菌	**发现** ？（未确定）

特征

FK120 株是在丹麦发现的双歧杆菌，是可以活着到达肠道的生命力很顽强的细菌。FK120 株可以在肠道内改善便秘和腹泻的症状，改善屁的臭味和大便的颜色。必须要强调的是，如果不持续服用 FK120 株的话，肠道的状况又会恢复原状。因为可以通过饮用市场上销售的发酵乳等来摄取 FK120 株，所以坚持摄入 FK120 株也不是难事。

角色

整肠作用显著的 FK120 株在增加排便次数、减少有害菌的数量的同时，还可以通过减少氨的含量来减少屁和大便的臭味、使大便的颜色变成健康的金黄色。因为泻药会妨碍肠道水分的吸收，使人强制性排便，所以会把有害菌和益生菌都排出体外，但 FK120 株具有增加肠道内双歧杆菌数量的作用，维护肠道健康。另外，FK120 株具有提高免疫力，预防感染症的功效。

分布（栖息地）

●丹麦酸奶制品（制造商是福岛乳业）

·食用丹麦酸奶

·食用丹麦无糖酸奶

·饮用丹麦酸奶

HN019 株

激活 NK 细胞的两倍活性，增强免疫力

努力做到最好的勤奋的人

很看重祖先的血统

在新西兰长大，很优秀

一定要给别人展示自己健康的样子。

DATA 学名 *Bifidobacterium lactis HN019*

别名	双歧杆菌 HN019、HOWARU Bifido	分类	放线菌门
形状	杆菌	发现	?（未确定）

特征

HN019 株是在新西兰从 2000 多种的细菌中发现的对健康有显著功效的细菌。在国外通称为"HOWARU Bifido"。"HOWARU"在新西兰的语言里是"健康"的意思。HN019 株可以活着到达肠道，轻松地黏附在肠道细胞上。临床实验表明，HN019 株可以使肠道内的双歧杆菌和乳酸菌的数量陡增。HN019 株也可以减少消化后的食物通过肠道的时间，具有整肠作用。

角色

HN019 株对免疫系统也有益处。健康的人摄入 HN019 株的话，会使攻击癌细胞和病毒等的 NK 细胞产生双倍的功效。双倍激活的 NK 细胞可以提高免疫力，降低罹患癌症和感染症的概率。另外，HN019 株可以提高感染了 O-157 病原性大肠杆菌、轮状病毒和沙门氏菌的小白鼠的存活率，防止病原体的扩散。

分布（栖息地）

- ●日本 Naru 制品
- ·双歧杆菌饮用酸奶
- ·乳温和酸奶
  早晨的原味（含糖）
- ● 7Premium 商品

BB536 株

很安全，期待更显著的健康效果

来自孩提时代的母亲般的安全感

对肠胃健康极其敏感

因为丰富的经验，信赖感超群。

为了不让小少爷受冷！

DATA 学名 *Bifidobacterium longum BB536*

别名	双歧杆菌 BB536	分类	放线菌门
形状	杆菌	发现	1969 年

特征

1969 年，BB536 株是由日本森永乳业株式会社在健康的婴儿肠道中发现的。目前发现的双歧杆菌耐热、氧、酸性很弱，很难在食品加工中存活下来，但 BB536 株克服了所有的困难。1971 年，日本首次销售含有双歧杆菌 BB536 株的食品。现在有 30 多个国家将 BB536 株作为酸奶、乳酸菌饮料、膳食补充剂等进行利用，其很高的安全性也得到了认可。

角色

BB536 株耐氧性和耐酸性强，具有改善便秘和腹泻的整肠作用，可以激活免疫细胞，预防大肠杆菌（P76）O–157 和流行性感冒的感染等。

另外，BB536 株可以缓解溃疡性大肠炎、激活免疫细胞、缓解过敏症状、预防大肠癌、降低胆固醇、增加骨密度强度等。BB536 株对 ETBF 菌的病原菌也具有除菌作用。

分布（栖息地）

●森永乳业制品
·双歧杆菌膳食补充剂
·双歧杆菌膳食补充剂黏稠版
·双歧杆菌芦荟酸奶
　　　　　　　　等

无论在哪里，都是可以缓和气氛的"气氛制造者"

没关系！别放在心上，一起加油吧！

害羞

是会害羞吐舌头的类型

在肠道内很受欢迎

维持健康，减少压力

双歧杆菌 SP 株

DATA

学名	*Bifidobacterium longum SBT2928*		
别名	SBT2928	分类	放线菌门
形状	杆菌	发现	1892 年

特征

双歧杆菌 SP 株是由日本人发现的来源于人类的双歧杆菌。因为双歧杆菌 SP 株是由日本原雪印乳业 (Snow Probiotics) 发现的，所以选取其首字母，以 SP 株命名。虽然加氏乳杆菌（P40）中也有 SP 株，但因为两者是不同的细菌，所以加氏乳杆菌 SP 株和双歧杆菌 SP 株机能还是有明显的不同的。双歧杆菌 SP 株很容易在大肠内长期定植，具有改善便秘等整肠作用，可以防止 O-157 病原性大肠杆菌在肠道细胞上的附着。

角色

SP 株的"通便"功效备受瞩目。除此之外，各种各样的实验结果表明，SP 株可以改善脂质代谢，控制体脂肪，预防生活方式病，帮助减肥，抑制细胞内的 DNA 变异，降低罹患癌症的风险，减少导致衰老的芽苞梭菌，激发免疫细胞的活性，降低压力，改善心情等。

分布（栖息地）

·酸奶（质地较浓稠）

等

第 1 章
能够培养的细菌——益生菌——
总结

- 虽然乳酸菌和双歧杆菌耐胃酸性和耐胆汁性很弱，但其中也有很多对人体健康有益的细菌耐胃酸性和耐胆汁性很强，比如乳酸菌中的 LG21、L-92 和乳酸乳球菌，以及双歧杆菌中的 LKM512 株、BifiX、Bb-12 株、B 双歧杆菌 Y 株等，存活率很高，其中有可以活着到达肠道的细菌，也有些细菌不论存活与否都可以在肠道内发挥功效。

- 此前发现的提高免疫力的细菌只可以对 NK 细胞、巨噬细胞等特定的免疫细胞发挥作用，但是近年来发现了像乳酸乳球菌一样可以综合地提高免疫力的细菌。

- 乳酸菌和双歧杆菌是益生菌中的伙伴，给肠道带来益处，但它们也有不同的地方。乳酸菌栖息在小肠，而厌氧的双歧杆菌则栖息在大肠。

- 乳酸菌可以分解糖类产生乳酸，双歧杆菌除产生乳酸之外还可以产生醋酸，因为醋酸具有很强的杀菌功效，所以可以通过提高肠道的酸度来抑制有害菌的繁殖。

第 2 章
能够培养的细菌
——有害菌——

异常繁殖的情况下会产生问题，而一般情况下很温顺的有害菌

有害菌是"因为异常繁殖给人体带来伤害的细菌"。有害菌分为本来就存在于人体中的常驻菌和从外部入侵的细菌。

产气荚膜梭菌、致病性大肠杆菌、肠球菌等是有害菌的代表。这些细菌会将蛋白质和氨基酸作为食物进行分解并使其腐烂。也就是说，随着有害菌的增多，身体内就会产生大量的腐败物质。

这样会带来什么样不好的影响呢？早期症状就是腹泻和便秘。尤其是便秘，因为肠道内滞留的粪便是有害菌的饵料，所以会进一步促进有害菌的繁殖，如果像这样放任不管的话，会导致肌肤粗糙，引起

体臭、腹痛等，甚至会加速老化，增加罹患糖尿病、高血压和癌症的风险。因为腐败物质会破坏肠道壁，并随着血液到达全身各处，所以会影响全身健康。另外，因为有害菌的增加，会增加条件致病菌的势力，所以这个影响会进一步扩大。这无疑是一个恶性循环。

有害菌增加的主要饮食习惯有关。过量摄入肉类、高脂肪食物、蔬菜摄取量不足会增加有害菌的数量。另外，运动量不足也是重要原因之一。这样看来，抑制有害菌增加的方法一目了然。在必要的剂量内摄取肉类，大量摄取蔬菜，然后进行适当的锻炼。

理论上讲，有害菌不过度繁殖的话对人体是没有危害的。不如说，有害菌是作为益生菌的对手，给益生菌带来刺激，具有激活益生菌的功能。虽说是"坏蛋"，但是如果一味要消灭的话，反而会带来弊端。

hai

害

倔强顽强，耐高温

产气荚膜梭菌

操纵"腐败街道"的"大佬"

看着吧，什么样的环境我都能活下去！

想让我死　做梦……

即使暴露在大量的热射线下也没事

擅长食用辛辣的食物，喜欢很辣的咖喱

DATA　学名　*Clostridium perfringens*

别名　魏（或韦）氏梭菌、产气荚膜杆菌　分类　厚壁菌门

形状　杆菌　　　　　　　　　　发现　1892 年

特征

产气荚膜梭菌是有害菌的代表，能够在无氧环境下大量繁殖。产气荚膜梭菌耐热性强，可以耐受其他细菌无法生存的高温环境。

产气荚膜梭菌作为人类肠道的常驻细菌，可以存活在人体以外的大海、河流、土壤等任何场所。因此，产气荚膜梭菌接触食物的机会有很多，很容易引起食物中毒。

角色

产气荚膜梭菌很容易通过供餐引起群体性食物中毒。在常温下放置的汤汁和咖喱等中，产气荚膜梭菌会迅猛繁殖，引起食物中毒。食物中毒的症状是腹痛和腹泻。因为有时也会产生休克症状，所以大意不得。

因为产气荚膜梭菌会使肠道内的蛋白质腐烂，所以当屁味过臭时要引起注意，这是肠道环境紊乱的信号。

分布（栖息地）

· 肠道的常驻菌
· 大海、河流、土壤等自然界
· 烹饪后常温放置的食物内部

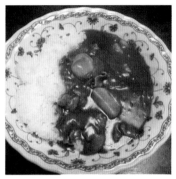

注意常温放置的食物

产生 O-157 的肠道常驻菌

大肠杆菌

来啊

一个人的时候就默默地勤奋修炼武艺

午后加餐一定是汉堡

抵制不住损友的诱惑，最终纵情于此

同伴增加了才能做恶！

DATA	学名	*Escherichia coli*		
别名	大肠埃希氏菌		分类	变形菌门
形状	杆菌		发现	1885 年

特征

大肠杆菌是肠道里的常客，平日里很温顺。大肠杆菌数量增加的时候就是发挥不良作用的开端，会引起伴随腹泻的肠道感染。

大肠杆菌根据症状可以分为不同种类，其中最有名的是"肠出血性大肠杆菌（O–157）"。该大肠杆菌是以由汉堡引起的美国群体性中毒事件而被广泛知晓的。

角色

O–157 中毒甚至会导致婴幼儿和老年人的死亡。早期症状是强烈腹痛和腹泻，并伴随着恶心、呕吐和发热。这个毒素会破坏大肠壁引起出血。预防对策是：肉类食物要 75 摄氏度加热 1 分钟以上。

大肠杆菌只有一小部分是具有病原性的，大部分是无害的。部分大肠杆菌可以用于制造人造胰岛素。

分布（栖息地）

· 人类的肠道
· 牛、猪等
　家畜的肠道
· 被污染的井水等

害 hai

肠球菌

被当作有害菌，但看起来稍稍有些可爱……

虽然平时看起来安静，但有时也会出现破绽

平时看起来像羊一样温顺的哦！

嘿嘿嘿……

多面体，抗打击力强

喜欢矿物质水（尤其是常温的）

DATA 学名 *Enterococcus faecalis*

别名	无	分类	厚壁菌门
形状	球菌	发现	1906 年

特征

　　肠球菌是人类肠道常驻菌的一种，毒力不是很高。肠球菌作为有害菌看起来是很可爱的，但因为它有时会引起感染症，所以才会被定义为有害菌。肠球菌耐抗生素性强、特效药很少，这可能也是被归类为有害菌的一个重要原因。

　　抗生素"万古霉素"曾经对肠球菌有效。但是如今肠球菌也具有了万古霉素的耐药性。

角色

　　肠球菌很难在外界繁殖，如果不是在被人畜排泄物污染的环境中，基本无法繁殖。因此，肠球菌就成了判断公共水域污染的指标之一。

　　另外，肠球菌还具有很强的耐冷热的特征。因此，食品安全法上规定清凉饮料和矿物质水（未进行杀菌除菌的水）中的"肠球菌必须呈阴性"。因此肠球菌也被叫作"基准菌"。

分布（栖息地）

・人类的肠道中
・其他动物的肠道中

威胁肠道的侵略者们

😁 历史上的感染症

"病原细菌"平时不存在于人体内，但可以在某些情况下入侵人体引发疾病。霍乱、鼠疫、伤寒和痢疾等在历史上横行的疾病就是由病原细菌引起的。

"病原细菌"可以通过饮食、吸入由喷嚏和咳嗽产生的漂浮细菌、被蚊虫叮咬和接触动物进入人体（感染路径）。虽然病原细菌可以通过抗生素治疗，但其中一些病原细菌通过进化产生了耐药性，出现了难以治疗的问题。

有些有害菌也会来自于体外，他们是"肠道的侵略者"，让我们来探索他们的真面目吧。

😁 病毒和细菌的区别

因为病毒和细菌都无法通过肉眼观察，所以被称为"微生物"。但是病毒和细菌完全就是两种生物。

病毒没有细胞结构，自身不可以生存繁殖，因此为了繁殖必须要寄生于宿主。细菌具有细胞结构，自身可以一边吸收养分一边繁殖。

另外，两者的大小也不同，选择其中较大的进行比较的话，病毒是 30 纳米，而细菌是 5000 纳米。这个差距是 100 倍以上的。

qinlue

侵略

沙门氏菌

附着于食物引起食物中毒

想再去一次日本！

饲养的宠物是绿龟（这种细菌常寄生在巴西红耳龟身上）

什么语言都会说，但是日语不太好（这种细菌在日本并不多见）

即使出门交际，也很快就分开了（这种细菌导致发病后会很快痊愈）

特征和栖息地

沙门氏菌栖息在牛、猪、狗、猫、绿龟等的肠道内。加热是防止沙门氏菌感染的最有效方法。沙门氏菌很活跃，容易引起食物中毒。

疾病

沙门氏菌感染会引起食物中毒，通过食用感染了沙门氏菌的食物导致食物中毒的主要症状是呕吐、痉挛性腹痛、腹泻和发烧等。基本上三到四天会自然痊愈，但有时病情也会加重。

弯曲杆菌

集中附着于鸡肉

我需要鸡肉啦！

存在于鸡肉中的胆小鬼

发起行动需要时间

娇纵起来会得意忘形

特征和栖息地

弯曲杆菌栖息在家畜和宠物的肠道内。尤其是鸡肉具有弯曲杆菌的高携带率。因此想避免感染的话，就完全控制生鸡肉吧。弯曲杆菌不耐热和干燥，70摄氏度加热1分钟就可以被杀死。

疾病

和其他食物中毒相比，弯曲杆菌引起的食物中毒发病时间很长，大多需要1周左右的时间。症状是呕吐、腹痛、发热和腹泻等。罕见情况下也会引起叫作格林巴利综合征的神经系统疾病。

不擅长做饭，总是吃罐头

呢喃着甜言蜜语

座右铭是"灭得心头火自凉"

qinlue

侵略

肉毒杆菌

不能让婴儿靠近的腹黑系

轻视我的话是很恐怖的哦！

特征和栖息地

肉毒杆菌栖息在泥土中，其特征是耐热性强。肉毒杆菌很顽强，即使在100摄氏度下加热数小时也不会死亡。因为肉毒杆菌可以在瓶装和真空包装等无氧食品中繁殖，所以不能掉以轻心。

疾病

肉毒杆菌会引起食物中毒，发生呕吐和腹泻等，有时也会使人口齿不清。需要引起注意的是蜂蜜。因为有的蜂蜜中含有肉毒杆菌，所以禁止给儿童食用蜂蜜。

哈哈，今天渔业大丰收！

日本多发

很擅长制造关于夏天的回忆

只要和鱼有关，什么都能做

qinlue
侵略

副溶血性弧菌

夏季细菌性食物中毒的主要原因

特征和栖息地

副溶血性弧菌栖息在大海里，附着在鱼类上。副溶血性弧菌对于经常食用寿司和各种生海鲜的日本人来说比较麻烦。和其他细菌相比，副溶血性弧菌繁殖速度很快。

疾病

速度快的话，食用含有副溶血性弧菌的食物2～3小时内就会发生食物中毒。因为夏季是易发季节，所以要格外引起注意。儿童和老年人有时也会因为呕吐和腹泻引发脱水症。加热食物就可以杀死副溶血性弧菌。

qinlue

我这一拳下去，
咱们就医院见吧！

小肠结肠炎耶尔森氏菌

引起类似于阑尾炎的腹痛

既有犬派，
又有猫派

擅长向右下腹
部出拳攻击

喜欢冬季

特征和栖息地

小肠结肠炎耶尔森氏菌栖息在猪、狗、猫等的肠道内。1972 年在日本，小肠结肠炎耶尔森氏菌被认定为"食物中毒细菌"。因为小肠结肠炎耶尔森氏菌在 0 ~ 4 摄氏度也可以存活，所以在冰箱中也不会被杀死。另外，鼠疫杆菌是他的伙伴。

疾病

小肠结肠炎耶尔森氏菌的食物中毒的症状有腹泻、腹痛和呕吐等。最常见的是腹痛，因为是右下腹疼痛，所以有时也会被被误诊为阑尾炎。比起成年人，孩子更容易感染小肠结肠炎耶尔森氏菌，是群体性食物中毒的重要原因之一。

第 2 章
能够培养的细菌——有害菌——
总结

● 有害菌是由于异常繁殖给人体带来伤害的细菌。有害菌分为人体常驻菌和外部入侵的细菌。

....

● 肠道有害菌的代表是产气荚膜梭菌、大肠杆菌和肠球菌。这些细菌的增加会促进肠道内的腐败物质的增加。

....

● 有害菌的增加会引起腹泻和便秘。对这些有害细菌放任不管是造成肌肤干燥、体臭、腹痛的原因。有害菌进一步增加的话会加速衰老，提高罹患糖尿病、癌症和高血压的风险。

....

● 饮食习惯的紊乱会导致有害菌的增加。长时间地过量摄入肉类、过少摄入蔬菜，会导致有害菌的繁殖。

....

● 理论上讲，非异常繁殖的有害菌对人体没有害处，具有激活益生菌活性的功能。

第3章

能够培养的细菌

——条件致病菌——

肠道内大多数细菌是条件致病菌，能够培养的仅仅是一部分

正如序章中所说，肠道细菌分为益生菌、有害菌和条件致病菌。其中数量上占据压倒性优势的是哪一种呢？对，就是条件致病菌哦。肠道内大约 70% 的细菌是条件致病菌。

人们也并没有搞清楚所有的条件致病菌的"真面目"。其原因前文也已提到过，因为肠道细菌中有可以培养也有不可以培养的细菌。而且研究也已表明，不可培养的细菌的数量远远超过可以培养的细菌。另外需要补充的是，为增加细菌数量，有一些细菌可以通过在培

养皿中人为改变培养基来实现细菌培养。

　　一个叫作罗伯特·科赫的德国医生确立了使用培养皿的培养方法。培养就是人工地增加细菌数量。他因为探明了微生物和疾病的关系等一系列贡献而获得了诺贝尔奖。也许未来，还会有从事有关肠道细菌和健康关系研究的人获得诺贝尔奖。这是令人开心的事。

　　条件致病菌多数是土壤细菌。正如字面意思所示，土壤细菌是在土壤中栖息的细菌。土壤中可以说有无数各种各样的细菌，它们控制着土壤的性质。另外，它们也存在于飘荡着土壤粒子的空气和我们生活的家中。

　　很早就被发现的条件致病菌是拟杆菌、真杆菌、厌氧链球菌（因为它们有大量的伙伴、这里选用它们的统称）。这些细菌是通过培养而被探明性质的细菌。让我们在这一章里一起来看看他们有什么样的特点吧。

拟杆菌（一）

占肠道细菌 70% 的常驻菌

很擅长成为厉害的人哦！

察觉优势团体的能力首屈一指

八面玲珑，从不迷茫，很强大

亲属很多，喜欢起哄

DATA 学名 *Bacteroides*

别名 无

分类 拟杆菌门

形状 杆菌

发现 因为是总称所以不能确定

特征

　　拟杆菌是条件致病菌的代表。拟杆菌有很多种类，这里我们仅进行总体介绍。

　　拟杆菌的特征是制造"短链脂肪酸"。短链脂肪酸是有益肠道蠕动的物质，可以促进肠道蠕动、加固肠道壁、提高水和矿物质的吸收率。另外在近几年的研究中发现，拟杆菌也有促进激活肌肉、肝脏、肾脏活性的作用。

角色

　　拟杆菌是肠道内数量最多的常驻菌，占到70%左右。当免疫力下降的时候，拟杆菌的大量繁殖会引起疾病。拟杆菌产生的有害物质——氨和硫化氢等——是造成口臭和体臭的原因。尽管拟杆菌常被视为有害菌，但拟杆菌并不是造成便秘和疾病的原因。拟杆菌可以使糖类发酵产生醋酸和乳酸，有利于提高免疫力。

分布（栖息地）

· 肠道的常驻菌
· 咽喉、鼻和子宫等
· 海水和土壤等

真杆菌

即使上了岁数也会保持稳定而大量的数量

年龄和性别不详

匿名捐赠

鼓励抗衰老

哈哈哈……
仍然还是谜一样的存在哦!

DATA 学名 *Eubacterium*

别名	无	分类	厚壁菌门
形状	杆菌	发现	因为是总称所以不能确定

特征

肠道内的益生菌会随着年龄增长而减少，有害菌会随着年龄增长而增加。但是，真杆菌从断奶期到老年期会一直保持在一定的稳定状态。因为拟杆菌和厌氧性链球菌也会维持一定的数量，所以这三种细菌被认为是构建了肠道内的"稳定基础"。

可以维持在一定的数量，也就意味着如果真杆菌屈服于有害菌的话就会变成灾难，是需要引起重视的细菌。

角色

真杆菌通过分解糖类产生酪酸和醋酸。酪酸和醋酸都是短链脂肪酸的一种。不仅对肠道，而且对全身都有益处。真杆菌与其被叫作条件致病菌，不如被当作是益生菌。

但是，真杆菌中还有很多未搞清楚的功效，是有待研究的细菌。因为真杆菌具有益生菌般的功效，所以人们对于它的期待值进一步提高。

分布（栖息地）

· 肠道的常驻菌
· 人类的口腔中
· 土壤和泥土等

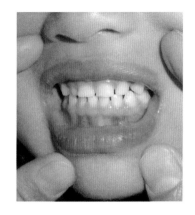

嘟嘟囔囔，希望大家能做个好梦哦。

厌氧性链球菌

引起喉炎、扁桃体炎和肺炎

持续的睡眠不足会导致心情不快

牙医不好对付

一旦开始胡闹的话就无从下手

DATA

学名 *Streptococcus*

别名 无	**分类** 厚壁菌门
形状 球菌	**发现** 因为是总称所以不能确定

特征

因为球菌的排列是像锁链一样延长，所以被叫作"链球菌"。厌氧性细菌分为不能在有氧环境下生存的细菌，和不论有无氧都可以繁殖的细菌。厌氧性链球菌属于后者。

厌氧性链球菌有好多种。致龋链球菌（变形链球菌）是龋齿的主要原因、溶血性链球菌会引起喉炎和扁桃体炎、肺炎链球菌会引起肺炎。

角色

因为是条件致病菌中的一员，所以厌氧性链球菌平时很温顺。但是，当免疫力下降的时候，厌氧性链球菌会引起喉痛和淋巴肿大，所以应该被引起注意。扰乱肠道环境就好像"叫醒熟睡的孩子"一般，一定要谨慎。

虽然所有的厌氧性链球菌都是病原性很高的细菌，但要尤其注意化脓性球菌。化脓性球菌中有一些甚至被称作"吃人细菌"。

分布（栖息地）

· 肠道的常驻菌群
· 人类的鼻、口、喉
· 人类的牙垢

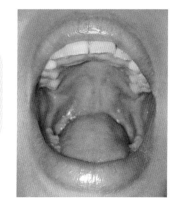

能够培养的条件致病菌的部下

 粘质沙雷菌

粘质沙雷菌广泛存在于自然界，作为常驻菌栖息在我们体内，又被称作灵杆菌。这个名字多少有些神秘。它的得名来源于一种能够产生红色素的粘质沙雷菌。人们让其比作面包染上神灵的鲜血，因而将其命名为"灵杆菌"。

粘质沙雷菌平时是病原性很弱的细菌。但是，在免疫力下降的时候，粘质沙雷菌也很容易引起条件致病菌感染和医院感染。因为有过粘质沙雷菌感染致死的严重案例，所以应引起注意。

还有很多能够培养的条件致病菌对我们的生活有益处，让我们介绍一下主要的几种吧！

嗜酸乳杆菌

嗜酸乳杆菌多生活在婴儿肠道中，是乳酸菌的一种。嗜酸乳杆菌可以利用葡萄糖、蔗糖、乳糖等进行乳酸发酵。

嗜酸乳杆菌在肠道内茁壮成长，具有预防感染的功效，可以抑制其他杂菌的繁殖。另外，因为嗜酸乳杆菌可以调整肠道环境，所以会在制作酸奶时被优先使用。从各种方面来看，嗜酸乳杆菌都可以被称为人类的伙伴。

🖱 乳酸杆菌

乳酸杆菌属于乳酸菌，大约有 70 种，广泛分布于自然界中。R-1 和 G21 也属于乳酸杆菌的伙伴。各种各样的乳酸杆菌在其常驻地发挥进一步激活免疫细胞的作用。乳酸杆菌可以抑制女性阴道内杂菌的繁殖，缓解花粉症、过敏性鼻炎和特异性变态反应等。

🖱 痤疮丙酸杆菌

痤疮丙酸杆菌又被称为"痤疮杆菌"。正如名字一样，痤疮丙酸杆菌是导致痤疮的细菌。

因为长了痤疮而烦恼的人一定也不少，可因此产生了"杀死制造痤疮的罪魁祸首更好！"的想法，就有可能导致肌肤状态变得更糟。

因为痤疮丙酸杆菌是人类的一种常驻菌，平时起到守护我们肌肤的作用。如果没有痤疮丙酸杆菌的话，肌肤就会变成干巴巴的。

产生过多的痤疮的原因是饮食习惯的紊乱和过度的压力。

🖱 大肠杆菌（无毒）

尽管大肠杆菌（无毒）是有害菌的代表，但它本来是非病原性的。事实上正是这个大肠杆菌在守护着我们的身体。

比如说，人体被来自外部的类似于 O-157 的病原性大肠杆菌入侵时，肠道内的大肠杆菌早已抢先出动阻止外敌的繁殖了。另外，大肠杆菌（无毒）也可以制造出来自我们食用的水果和蔬菜的维生素。这样看来，大肠杆菌（无毒）被叫作"益生菌"也不为过。

第3章
能够培养的细菌——条件致病菌——总结

- 肠道内有益生菌、有害菌和条件致病菌，其中绝大多数是条件致病菌。

- 条件致病菌中仍有未探明"真面目"的细菌。另外，条件致病菌中，不能培养的细菌远多于能够培养的细菌。

- 德国人科赫确立了使用培养皿培养的方法。他获得了诺贝尔奖。

- 条件致病菌很多被称为土壤细菌，如字面意思，是栖息在土壤里的细菌。它们也存活在空气中。

- 条件致病菌中很早就被发现的是能够培养的拟杆菌、真杆菌和厌氧性链球菌。

第4章

不能培养的细菌

——条件致病菌——

不能培养的条件致病菌可以通过遗传因子解析探明其功效！

我们已经提到过肠道细菌中既有可以培养的细菌也有不可以培养的细菌。那么，怎么研究不能培养的细菌呢？答案是"遗传因子"。从细菌中提取遗传因子，测定其排列顺序。再同已知的细菌遗传因子排列顺序进行比对，研究判断该细菌是否未知。这个方法确立于 20 世纪 90 年代，以此为契机，细菌研究有了飞跃性发展。

通过这个方法，我们可以更为详细地了解细菌是如何在肠道内活动的。可以知道细菌是如何发挥功效的，甚至也可以知道细菌之间是如何协作的。另外，即使是死亡的细菌也可以通过残留的遗传因子进行分析。

　　遗传因子解析运用于细菌研究的成果，就是发现了肠道细菌中不能培养的细菌远远多于能够培养的细菌。这个差距大约是 10 倍。也就是说，通过原来的细菌培养的研究方法，我们仅仅观察到了很少一部分的肠道细菌，并以此来代表全体细菌，这是一种一叶障目的行为。

　　但是这个观点的改变，也就意味着肠道细菌携带的未知的信息会在今后变得渐渐明晰起来。首先可以肯定地说，我们陆陆续续地发现了很多有益健康的细菌，和不利于健康的细菌。

　　事实上，本章介绍的拟杆菌作为"减肥细菌"以及厚壁菌作为"肥胖细菌"的功效是通过最近的研究才刚刚明晰的。补充一句，拟杆菌虽然在上一章中提到过，但这里介绍的是不能培养的拟杆菌。这里稍微有点复杂，因为即使是名字相同的细菌（准确来说因为是总称所以种类可以被细化），也可以被分为能够培养的和不能培养的细菌。肠道细菌的领域中仍有很多像这样的亟待探明的"深奥的世界"。

即使不停地吃，体重也不变♡

内心很强大，是比较努力的人

拟杆菌（2）

作为"减肥细菌"被寄予厚望

坚持无糖

很活泼，不擅长安安静静地呆着

DATA 学名 *Bacteroides*

别名	无	分类	拟杆菌门
形状	杆菌	发现	因为是总称所以不能确定

特征

拟杆菌是类似于益生菌的条件致病菌。它们产生的短链脂肪酸有抑制肥胖的功效。短链脂肪酸可以通过血液运送至全身，使得脂肪细胞不能摄入过多的养分。

膳食纤维是这种拟杆菌的营养物。膳食纤维常被用来疏通肠道，也是拟杆菌的生存根基。

角色

近年来，人们发现了拟杆菌的伙伴——克里斯滕森菌。这种细菌常见于低于 BMI 标准（肥胖国际标准）的人的肠道中，未来会进一步研究它作为减肥细菌对肥胖的控制功效。

拟杆菌不仅喜欢高膳食纤维食物，而且也喜欢低糖低脂肪食物。拟杆菌会在坚持这种生活方式的人的肠道内孜孜不倦地工作、保持苗条的身材。

分布（栖息地）

· 肠道的常驻菌
· 人类的口腔中
· 其他动物的常驻菌

按照自己喜欢的方式生活就好，对吧？

立马翻脸

很自恋

东西从不扔掉，过分地积攒

厚壁菌

绰号是『肥胖细菌』，有患癌症的风险！

DATA	学名	*Firmicutes*	
别名	无	分类	厚壁菌门
形状	杆菌	发现	因为是总称所以不能确定

特征

厚壁菌是在 P102 介绍过的拟杆菌的竞争对手。肠道内的厚壁菌增加的话，拟杆菌就会减少，反之亦然。

厚壁菌能更高效地从食物中吸收大量的能量，多余的能量就会作为脂肪储存下来从而导致肥胖。因此厚壁菌有了"肥胖细菌"的绰号，肥胖人的肠道中有很多的厚壁菌。

角色

有明梭状芽胞杆菌是厚壁菌的伙伴。近些年的研究发现，有明梭状芽胞杆菌不仅会导致肥胖，也可能会引起肝癌。

厚壁菌格外喜欢经常食用低膳食纤维和高能量食物的宿主，一边嘴里不停地说着"正合我意"，一边繁殖。因此想避免肥胖和癌症的人，最有效的办法就是向高膳食纤维、低能量的饮食习惯转变。

分布（栖息地）

· 人类肠道常驻菌
· 动物肠道的常驻菌
· 土壤中

不能培养的条件
致病菌的部下

这里介绍的微生物不能在普通的培养基中培养，可以通过改变培养基进行培养。霉菌和酵母都是很重要的代表。

😃 酵母菌

准确地说酵母菌不是细菌，而是一种叫作真菌的微生物。同属微生物的霉菌和蘑菇是他的伙伴。

酵母菌有各种各样的种类，其中广为人知的是制造啤酒和日本清酒用的酿酒酵母，制造面包用的面包酵母（代表是酵母菌）。另外，做腌菜的时候也会使用到酵母。

😃 曲模

豆酱、酱油、料酒等这些日本的餐桌上很常见的调味品，都是通过曲模制造出来的。

曲模和酵母菌一样是真菌而不是细菌。与其说曲模是一种真菌，不如更直白地说曲模是一种霉菌，又被叫作"曲霉"。

快速食用的面包和年糕中的霉菌的"真面目"就是曲霉。这多少令人感到有些意外吧。

曲模会和酵母一起用于酿酒。它们在烧酒、泡盛酒和日本清酒的制造中是不可或缺的。对喜欢喝酒的人来说是值得感激的存在。

😃 纳豆菌

纳豆是日本健康食物的代表。虽然有人"不太适应这个味道"，但是因为纳豆有利于身体健康，所以也会每天都食用纳豆。

纳豆有利于身体健康是因为纳豆可以增加肠道内的条件致病菌，提高肠道菌群的活性。制造纳豆的就是纳豆菌。纳豆菌可以使大豆发酵，产生独特的黏稠感。纳豆菌是被叫作"枯草菌"的土壤菌的伙伴。纳豆菌耐胃酸性强，可以活着到达肠道。

固氮菌

固氮是生物摄取空气中的氮，制造出氮化物的过程。固氮菌中有名的是根瘤菌。根瘤菌栖息在大豆等的豆科植物中，具有帮助大气中的氮转变为氨的功效。

氨是植物的肥料，能够促进植物的生长，这也就是固氮菌有助于植物生长的原因。作为交换，根瘤菌则从植物那里获取通过光合作用合成的碳水化合物。

而且，作为化学肥料，氨也可以人工合成，这个过程需要巨大的能量。从这个意义上来说固氮菌是很环保的。

醋酸菌

酿醋时使用的细菌是醋酸菌。醋和盐并称为"人类最古老的调料"。据说公元前 5000 年，巴比伦尼亚有最为古老的醋记录。醋酸菌对人类来说，是很亲近的存在。

醋可以杀菌、防腐、消除疲劳等。可以说醋酸菌自古以来就是守护人类生活的细菌。

第4章
不能够培养的细菌——条件致病菌——
总结

🖱 90 年代确立了通过遗传因子进行细菌研究的方法，使肠道细菌的研究有了飞跃性发展。

· ·

🖱 通过遗传因子解析的方法，我们可以探明细菌发挥什么样的功效、细菌之间是如何协作的。

· ·

🖱 比起能够培养的肠道细菌来说，不能培养的细菌数量占据压倒性优势，这个差距是 10 倍左右。

· ·

🖱 通过近几年的研究，我们搞清楚了拟杆菌作为"减肥细菌"和厚壁菌作为"肥胖细菌"的功效。

· ·

🖱 肠道细菌中仍有很多未知的可能性，有很多亟待研究的东西。需要被解释的还有很多，是"深奥的世界"。

终章

调整肠道环境

像花圃一样的肠道菌群和自己的乳酸菌

　　肠道长约 20 米，面积相当于一个网球场。肠道中有多种多样的细菌，每种细菌都井井有条地栖息在肠道壁上。通过显微镜可能看到肠道细菌色彩鲜艳美丽，看起来就像簇生着各种各样鲜花的花圃。因此肠道也被叫作"肠道花园"或者肠道菌丛，"丛"是青草丛生的意思。

　　虽然本书介绍了各种各样的肠道细菌，但仅仅是部分，仅益生菌的代表——乳酸菌就有数千种，是种类繁多的细菌。肠道菌群就像遗传因子一般因人而异，它们组成了每个人特有的肠道菌群，而且携带的乳酸菌的构成也不尽相同。我们将这些叫作"自己的乳酸菌"。

　　序章的漫画已经简单地介绍了，在出生后一年左右，每个人肠道内细菌的种类就基本被确定了。但是，肠道菌群的构成有时还是会因为生活方式发生改变。在数百天的时间里肠道细菌的构成就有可能变好或变坏。

　　不规律的生活习惯和紊乱的饮食习惯，会使肠道菌群失调。这样一来，有害菌数量增加，优良的细菌（益生菌）数量突减，使防止病原体入侵的免疫力下降，甚至还会导致精神上的不稳定。这里介绍一下调整自己肠道菌群平衡，培育自己的乳酸菌的技巧。

培育肠道菌群，使其充满活力的 7 种方法

保持肠道花园美丽的 7 种技巧。

1. 摄入谷类、蔬菜、豆类、水果

2. 食用发酵食品

3. 摄入膳食纤维和低聚糖类

4. 尽量不摄取加工食品及食物添加剂

5. 细嚼慢咽，开心地吃饭

6. 适度地运动

7. 多进行户外活动，亲近自然，

尤其是谷类、蔬菜、豆类、水果之类的植物性食物是肠道细菌的饵料，有利于增加肠道细菌数量，更好的培养肠道菌群。另外，发酵食品中含有各种各样的细菌。比如，腌菜中有乳酸菌，纳豆中有纳豆菌，味噌中有米

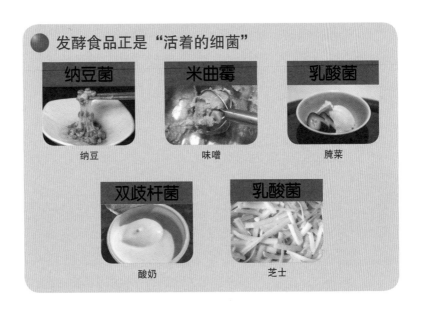

发酵食品正是"活着的细菌"

纳豆菌
纳豆

米曲霉
味噌

乳酸菌
腌菜

双歧杆菌
酸奶

乳酸菌
芝士

曲霉，芝士中有乳酸菌，酸奶中有双歧杆菌。这些细菌进入肠道，会促进肠道细菌尤其是益生菌的增加，保持肠道平衡，提高免疫力。日本传统食物中有很多发酵食品，比如鲣鱼干、料酒、日本清酒、甜米酒等。饮食生活多食用发酵食品，可以自然而然地摄入足够多的活着的细菌。另外，泡菜、醋、腌墨鱼也很健康呀。

除此之外，很多的肠道细菌是土壤细菌的伙伴。多接触花木土壤，多亲近自然，就可以摄入很多种类的土壤细菌。我们在恢复活力的同时，不知不觉地吸收了空气中漂浮的土壤细菌，培育了肠道花园。

生活了很多长寿老人的长寿地区的饮食以野菜、海藻、大豆、芝麻、小鱼为主，严格控制盐分摄入。人的寿命较短的地区的饮食则呈现出较少摄入蔬菜、过多食用大米、以鱼肉为主的特点。寿命长短的最大区别在于人们膳食纤维摄取量的多少。当然它们也为肠道细菌提供了最好的食物。

膳食纤维分为水溶性和不溶性两种。肠道细菌最喜欢的食物是水溶性膳食纤维。裙带菜、海带和海中等海藻类，牛蒡、卷心菜、秋葵和南瓜等蔬菜类，纳豆和黄豆粉，鳄梨和香蕉等水果富含水溶性膳食纤维。有意识地食用这些食材的话，有害菌就会明显地减少。

说句题外话，日本人拥有日本人特有的肠道细菌。其中最具代表的是可以产生分解海藻的酶的细菌。80%的日本人拥有产生海藻分解素的肠道细菌。这是因为自古以来日本人就有日常食用海藻的饮食文化。一般被认为零热量的海藻，也有能够产生酶去分解提取其营养物质的细菌。

总之，为了得到高效率的消化酶，吃饭时好好地咀嚼很重要。如果每一口都咀嚼三十次的话，肠道的消化负担就可以得到减轻。这样一来，酶的分泌量也会得到增加。

自己的乳酸菌因为低聚糖的增加而增加

认真调整肠道菌群，增加自己的乳酸菌很重要。可以食用乳酸菌喜欢的食物，将其送至肠道。乳酸菌格外喜欢低聚糖。低聚糖耐热性耐酸性强，不会被胃酸和消化酶分解，可以很轻松地到达肠道。在低聚糖对肠道群菌影响作用的实验中，起始值是17%～18%的双歧杆菌，在摄入一周低聚糖后变为37%～38%，在摄取两周低聚糖后变为45%～49%。但是，一旦停止摄入低聚糖的一周后，数值又恢复原状。所以坚持每天服用低聚糖很重要。

但是，低聚糖是禁止过度服用的。一次性服用大量的低聚糖会产生腹胀、软便、拉肚子的症状。在服用营养补充剂、糖浆、颗粒等中的低聚糖时，严格地遵守服用量非常重要。

另外，发现适合自己的乳酸菌的低聚糖很有必要。最好的方法是从每天的食物中自然地摄取低聚糖。有意识的摄入富含低聚糖的食物比如豆类（大豆、扁豆等）、黄豆粉、牛蒡、洋葱等。

整洁的社会环境可使肠道细菌数量下降吗？

　　现在有很多进行全身清洁的商品，比如药用肥皂、酒精消毒坐便器等。事实上这个"整洁的社会"可能会使我们暴露在 P80 ~ P85 介绍的所有病原细菌下。我们每天反复地和无数种细菌接触。大气中也漂浮着细菌，桌子、手机以及我们的皮肤上都含有细菌。皮肤上栖息的细菌通过食用皮肤脂肪来建立保护膜。这个保护膜可以构建一种壁垒，阻止病原细菌的附着。过度地使用肥皂清洗，会去除皮肤上 90% 的细菌。只残留 10% 的细菌的话，细菌再次繁殖需要大约 12 小时才能回到原来的状态。但是如果使用杀菌用的强力洗涤剂根除细菌的话，死菌再生需要很长的时间，这会使皮肤处于对病原体毫无防护的状态。在各种各样的细菌繁多的情况下，如果被病原体等外界异物攻击的话，皮肤就会处于一个无法进行细菌繁殖的状态。如果过于洁癖，并通过药剂过度去除全身的杂菌的话，就给病原细菌附着和繁殖提供了机会。

通常情况下，仅仅用清水洗手就可以了。坐便器也一样，强水压冲洗肛门会破坏守护肛门的细菌膜的壁，容易造成肛门的细菌感染。

要想防止病原细菌入侵，构建健康的身体，就要在生活中对细菌大度一些，积极地向肠道摄入细菌。肠道菌群是抵抗病原细菌最重要的一个环节，所以认真地培育肠道菌群非常重要。

添加剂和抗生素使肠道细菌数量减少

人体结构大约在1万年前就基本定型了。未知的东西进入肠道内就会被感知为异物，当异物量过多的时候，肠道就会处于紊乱的状态，这是肠道细菌和肠道黏膜减少的主要原因。食品添加剂就是其中一种异物。过量的保鲜剂和防腐剂、人工合成的食品添加剂、pH值调节剂都会给肠道菌群带来不好的影响。

另外，感冒时也最好慎用抗生素。抗生素是阻碍细菌生长的药。服用抗生素会引起肠道菌群的紊乱。

感冒的各种症状会在免疫细胞击败病原体时显现。在很多情况下，患感冒后好好休息的话，感冒过几天自会痊愈。

另外，过大的压力是使肠道内的有害菌增加的主要原因。美国对宇航员和肠道细菌的关系的调查中发现，极度的紧张和不安会引起有害菌的异常繁殖。因为当人体感受到过度压力时，消化道各处会释放出紧张荷尔蒙，给肠道菌群带来直接性打击。

 ## 20% 的粪便是肠道细菌！

如今通过粪便就可以了解到自己的肠道环境处于什么样的状态。人们认为粪便是食物的残渣，但事实上食物残渣仅占到 5%。粪便的 60% 是水分，20% 是肠道细菌的尸体，15% 是肠道黏膜的遗骸。

也就是说，粪便的固体部分大多是肠道细菌。因为肠道细菌和肠道内囤积的废物一起排出体外，所以粪便越多肠道细菌就越多，肠道细菌的繁殖能力和活力就越高。另外，粪便的颜色、气味和状态也很重要。排泄出

● 粪便是健康的晴雨表

●稀的粪便

因为有可能发生肠道细菌减少、大肠黏膜弱化，所以摄取乳酸菌和双歧杆菌吧

●污泥一样的粪便

肠道处于益生菌数量减少的状态。植物纤维是益生菌的饵料，多食用富含植物纤维的蔬菜、豆类和谷类吧。

●乱七八糟的粪便

难道不是因为食用了太多的动物性脂肪吗？ 比如油乎乎的肉类。肠道菌群里可能以有害菌为主。

●硬邦邦的粪便

经常压力很大，不及时排便。稍稍多服用一些不含糖的饮品吧，比如茶。

颜色发黑、气味强烈的粪便的人，肠道内有害菌就较多，肠道老化。

肠 通过观察粪便寻找最适宜的肠道环境

理想的粪便是"一天有三根香蕉那么重，粪便颗粒清爽，像牙膏和味增一样的硬度，呈黄褐色，气味微弱，慢慢地沉入水底"。一根香蕉大约重 100 克。理想的粪便是一天 300 克。呈现出完美的番薯形状的粪便是"高

品质"粪便。如果粪便呈现出零乱的、圆溜溜的形状，说明肠道老化了。19 世纪 30 年代前的日本人每天排泄出 400 克完美的粪便。现在，日本人每天大概排便 100 克到 200 克。

受到饮食、生活和压力的影响，肠道环境每天都会发生变化。只要给肠道细菌提供其喜爱的饮食环境，不论是拉肚子还是便秘都一定会得到改善的。因此，首先就是要观察粪便。虽然现在有肠道菌群的检查，但每天进行粪便观察更为重要，因为这样可以确切地了解到肠道的状态。

 ## 肠道健康和大脑健康息息相关

具有各种各样功效的肠道细菌甚至会给大脑和心脏带来影响。比如说，传达愉悦感和幸福感的神经递质——血清素就是其中之一。血清素是由大脑分泌的，被称为"幸福激素"的物质，其原料是在肠道内产生的。肠道环境的恶化，会减少"幸福激素"的分泌。日本抑郁症患者人数众多、自杀率高，肠道细菌减少可能是其中的原因之一。另外，肠道环境紊乱容易使人变得焦虑不安，容易突然变得激动。甚至连哮喘和过敏性疾病都被认为与肠道环境紊乱有关。

肠道健康和大脑健康息息相关，肠道和大脑相互影响。肠道花园的繁荣和枯萎都是由自己决定的。一定要认真地培育肠道菌群，让肠道花园生生不息啊！

肠道细菌新情报1 使用"雌马酚产生菌"能让细胞"返老还童"！？

近年来有些肠道细菌作为"返老还童菌"，格外受到瞩目。这就是"雌马酚产生菌"。雌马酚产生菌可以分解大豆等物质中含有的"异黄酮"成分，制造出"雌马酚"。

到目前为止，人们发现异黄酮的成分具有同女性雌激素一样的功效，可以抑制乳腺癌。但是，近年来的研究表明，雌马酚产生菌只有在将异黄酮转化为"雌马酚"后才能发挥功效，这个"雌马酚"对女性的健康美容有各种各样的功效，尤其是有利于缓解热潮红、出汗和肩膀疼痛等青年性"更年期障碍"，改善肌肉状态。

目前的研究表明，"返老还童菌"——雌马酚产生菌大约可分为 10 种。但是人类肠道内栖息的雌马酚产生菌数量很少，有时还会起到不好的作用。

 肠道细菌最新情报 2　猫有猫的肠道菌群！

近年来，维护宠物健康开始受到人们的关注。东京大学等的研究表明，猫也有其特有的肠道细菌，益生菌的增加有益于其健康。另外，狗的肠道细菌和猫以及人类的肠道细菌种类都不相同。

正如本书说所介绍的那样，双歧杆菌等是人类肠道中的益生菌的代表。这本书中也已经介绍过了，对于狗来说，乳酸杆菌承担着益生菌的功能。但是由于人们对于猫的肠道菌群研究不充分，所以目前人们并不了解猫的肠道细菌的具体情况。

最新的研究表明，猫的肠道中双歧杆菌和乳酸杆菌地位相当，这也就解释了为什么人类肠道含有被归类为有害菌的"肠球菌"（P78）。猫保持健康长寿的秘诀就在于，增加肠道中肠球菌的数量，保持住肠球菌的优势。

终章
调整肠道环境
总结

🖱 像花圃一样的肠道菌群中有每个人所特有的自己的乳酸菌。自己的乳酸菌喜欢的是低聚糖。虽然可以通过营养补充剂摄入低聚糖，但是最好是尽可能地从富含低聚糖的食物中摄取。

🖱 发酵食物可以最大程度调整肠道菌群的平衡。推荐在日常生活中多食用纳豆、腌菜、味噌等发酵食品。

🖱 肠道细菌非常喜欢水溶性膳食纤维。要有意识地食用裙带菜等海藻、圆白菜和秋葵等蔬菜、牛油果和香蕉等水果。

🖱 全身的杀菌消毒要适可而止。过分干净，反而会给病原细菌提供可乘之机。注意食品添加剂和抗生素吧！

🖱 粪便固体部分的 20% 是肠道细菌。因此可以通过粪便了解肠道菌群的状态。每天检查粪便状态，理想的粪便状态是一天的重量大致相当于三根香蕉，有恰到好处的硬度、颜色和气味。

调整肠道环境的方法
Q&A
让我们来复习一下摄取益生菌
（乳酸菌和双歧杆菌）的高明方法吧

Q 可以同时摄取多种益生菌吗？

A 因为乳酸菌和双歧杆菌的种类很多，对肠道环境起到相辅相成
的作用，所以同时摄取多种益生菌是有效果的。1天摄取三种以
上的益生菌会加速益生菌繁殖。

Q 什么时候摄取益生菌效果最好？

A 肠道活动最剧烈的时候是晚上10点到第二天早上2点。因此，
摄取益生菌的最佳时间是晚上（晚饭后）。最少要持续服用两周。

Q 一天摄取多少益生菌？

A 摄入量没有特别限制。不如说持续地稍微多一点地摄取益生菌，
效果更好。但是要注意过多服用酸奶等会导致腹泻，食用过多
的腌菜和泡菜也可能导致盐分摄入过多。

Q 益生菌和什么东西一起摄入比较好？

A 因为水溶性膳食纤维和低聚糖是乳酸菌的营养物，具有促进乳
酸菌繁殖的功效，所以一起食用会有不错的效果。具体来说有
牛蒡、牛油果、秋葵、猕猴桃、纳豆、滑菇、可可粉、裙带菜、
水果、蜂蜜等。

结语

不知道大家有没有享受和自己体内的 "愉快的伙伴" 一起的时光呢？肠道内住着很多这样的可爱的角色，可能是正在建造着我们的肠道环境。这样想一想的话，为什么心脏稍微有小鹿乱跳的感觉呢？

肠道细菌，不论是益生菌、条件致病菌，还是有害菌都是我们人体中不可或缺地重要的存在。首先，在寻找和自己关系最好的细菌、拉拢周围细菌的同时，请好好地培育这些 "孩子们" 吧。一起建造自己的肠道内所特有的完美的花圃吧！

为了使益生菌占优势地位，保护肠道环境不受 "侵略者" 入侵，如果大家能够参考这本书改善每天的饮食生活习惯，就是我最大的幸运了。

参考文献

[1] "イラスト図解ウイルス・細菌・カビ" 畠山昌則 監修（日東書院本社）

[2] "ウイルス・細菌の図鑑" 北里英郎・原和矢・中村正樹 著（技術評論社）

[3] "細菌の手帳" 田爪正氣・築地真実 著（研成社）

[4] "好きになる微生物学" 渡辺渡 著（講談社サイエンテイフイク）

[5] "腸内細菌が家出する日" 藤田紘一郎 著（三五館）

[6] "腸内細菌の驚愕パワーとしくみ" 辨野義己 著（C & R研究所）

[7] "腸内細菌の話" 光岡知足 著（岩波書店）

[8] "腸内細菌を味方につける30の方法" 藤田紘一郎 著（ワニブックスPLUS新書）

[9] "乳酸菌生活は医者いらず" 藤田紘一郎 著（三五館）

[10] "のぞいてみよう　ウイルス・細菌・真菌図鑑②善玉も悪玉もいる細菌のはたらき" 北元憲利 著（ミネルヴァ書房）

[11] "人の命は腸が9割" 藤田紘一郎 著（ワニブックスPLUS新書）

[12] "見た目の若さは、腸年齢で決まる" 辨野義己 著（PHP研究所）

[13] "免疫力をアップする科学" 藤田紘一郎 著（SBクリエイティブ）

[14] "もっと知りたい！微生物大図鑑②　ヒントがいっぱい細菌の利用価値" 北元憲利 著（ミネルヴァ書房）

[15] "やせる！若返る！病気を防ぐ！腸内フローラ10の真実" NHKスペシャル取材班 著（主婦と生活社）

[16] "図解入門　よくわかる微生物学の基本としくみ" 高麗寛紀 著（秀和システム）

原书名:腸内細菌キャラ図鑑

原作者名:藤田紘一郎

CHONAISAIKIN KYARA ZUKAN

Copyright© 2017 by Koichiro FUJITA

Illustrations by Emiko SUGIYAMA

All rights reserved.

Original Japanese edition published by PHP Institute, Inc.

This Simplified Chinese edition published by arrangement with

PHP Institute, Inc., through East West Culture & Media Co., Ltd.

著作权合同登记号:图字:01-2018-2982

图书在版编目（CIP）数据

菌语／（日）藤田纮一郎编著；张垚，赵玺翔译.
－北京 : 中国纺织出版社有限公司，2020.1（2020.11重印）

ISBN 978-7-5180-6302-4

Ⅰ.①菌… Ⅱ.①藤… ②张… ③赵… Ⅲ.①肠道微生物 Ⅳ.①Q939

中国版本图书馆 CIP 数据核字（2019）第 119936 号

责任编辑:闫 婷　　　　　责任校对:寇晨晨
责任设计:品欣排版　　　　责任印制:王艳丽

中国纺织出版社有限公司出版发行

地址:北京市朝阳区百子湾东里 A407 号楼　邮政编码:100124

销售电话:010— 67004422　传真:010— 87155801

http://www.c-textilep.com

E-mail:faxing@ c-textilep.com

中国纺织出版社天猫旗舰店

官方微博 http://weibo.com/2119887771

北京通天印刷有限责任公司印刷　各地新华书店经销

2020 年 1 月第 1 版　2020 年 11 月第 2 次印刷

开本:880×1230　1/32　印张:4

字数:47 千字　定价:39.80 元

凡购本书,如有缺页、倒页、脱页,由本社图书营销中心调换